MÉMOIRES

SUR

La nature, les effets, propriétés, & avantages du feu

DE

CHARBON DE TERRE APPRÊTÉ,

pour être employé commodément, économiquement, & sans inconvénient, au chauffage, & à tous les usages domestiques.

Avec figures en taille-douce.

Par M. MORAND le Médecin, Assesseur honoraire du Collége des Médecins de Liége, &c.

Ignoti nulla cupido.

A PARIS,

Chez DELALAIN, Libraire, rue & à côté de la Comédie Françoise.

M. DCC. LXX.

AVERTISSEMENT.

IL y a déja long-temps qu'on se plaint de la rareté des bois de toute espece : les ouvrages de charronage, boiserie, sculpture, & autres ornemens en ont multiplié la consommation depuis une cinquantaine d'années. La chereté qui s'ensuit ne se fait pas seulement appercevoir dans la capitale ; les principales villes de nos provinces se décorant aussi d'édifices à l'envi les unes des autres, les usines établies en trop grand nombre dans quelques-unes, par les seigneurs de fiefs qui ont cherché une augmentation de revenus dans le débit de leurs bois, font ressentir cette chereté dans leurs environs. Peut-être s'attache-t-on en vain de tout côté à des épreuves de remplacements par des plantations de tilleuls, de peupliers d'Italie ; on sçait que l'unique mérite de la plûpart de ces arbres consiste dans l'avantage qu'ils ont d'être d'une végétation très-prompte, & d'une coupe fréquente ou abondante. Est-il bien sûr que ces tentatives, quand même on les feroit à la fois dans plusieurs parties du royaume, ou que la nécessité où s'est vu le ministere d'empêcher la construction de nouvelles forges, puissent réparer à tems un mal qui devient de jour en jour plus ſenſible ? Les projets les plus dignes d'éloges ne ſont-ils pas aujourd'hui trop tardifs ? N'eût-ils pas fallu pour recueillir actuellement le fruit, ou des plantations dont on s'occupe, ou de leur tranſport par des canaux de navigation qui n'exiſtent encore qu'en projet, qu'on eût pourvu à la rareté de bois, avant que la dégradation de nos forêts fût telle, qu'il ne reſte d'autre perſpective qu'une diſette plus conſidérable ? On ne peut diſconvenir que le bois propre au beſoin le plus répété & le plus eſſentiel, celui de nos cuiſines, & autres néceſſités de ce genre, celui de notre chauffage pendant plus de ſix mois de l'année, eſt maintenant, après la ſubſiſtance, l'objet le plus difficile, le plus dispendieux, comme le plus indispensable pour un ménage. Ce ne seroit point avancer une absurdité, si l'on disoit que les choses sont à cet égard portées aujourd'hui à un tel point, que tandis qu'une partie des citoyens ne se chauffe point du tout, l'autre portion se chauffe mal, & que le plus petit nombre consomme pour ainsi dire à lui seul tout le bois, & semble en avoir complotté la destruction. Les uns & les autres seront à la fin réduits à la singulière extrémité de ne pouvoir plus se chauffer, ou bien il faudroit porter les derniers coups à l'épuisement de nos forêts.

Les personnes qui connoissent

la premiere partie de l'ouvrage que j'ai publié à la fin de l'année 1768 (*a*), ont dû s'appercevoir, en lisant l'avant-propos, que je n'ai pas eu intention de donner un ouvrage d'agrément, en présentant seulement aux curieux une idée générale, quoiqu'exacte de la matiere que j'ai traitée. En démontrant la très-grande abondance des mines de charbon de terre que possede la France (*b*), mon dessein a été d'être utile, de faire connoître & rendre faciles les travaux qu'exige l'exploitation d'un fossile devenu intéressant, si l'on veut

---

(*a*) Art d'exploiter les mines de charbon de terre, premiere partie.

(*b*) Section treizieme, page 136.

rendre leurs premiers avantages à nos forêts ; d'exciter enfin ma patrie à profiter de l'exemple de l'Angleterre, pour accroître son commerce intérieur, d'une branche à laquelle on n'a pas encore fait assez d'attention.

La difficulté, pour ne pas dire l'impossibilité de trouver actuellement du bois à la portée de la capitale, ou de nos grandes villes, en suffisante quantité pour leurs besoins, accrus singulierement pour notre chauffage, indique le moment de suppléer à cet objet : il est sur-tout important pour une ville telle que Paris, où l'on peut compter plus d'un quart de ses habitans hors d'état de se procurer du bois, & frustré en hyver d'une possession qui dans cette ſaiſon peut bien être appellée la moitié de la vie. Dans ce tems de l'année, le citoyen pauvre ou mal-aiſé, eſt en proie aux maux les plus réels, à ceux qu'entraîne l'impoſſibilité de ſe garantir du froid. Ces hommes, pour être en butte à toutes les rigueurs de l'indigence, ſont ils indifférents ? Pourroient-ils paroître mépriſables aux yeux de ceux qui nagent dans le luxe & dans l'abondance? Les infortunés forment une claſſe de citoyens auſſi précieuſe que nombreuſe, toute compoſée de journaliers, d'artiſans, de manœuvres, & autres ; ils ſont tous néceſſaires à l'état pour la population, utiles à la ſociété par des talens divers ; les plus viles de leurs occupations sont précisément celles dont on ne peut se passer ; les autres sont relatives à des secondes nécessités. Dans quelque circonstance que l'on considere cette foule travaillante, la disette de chauffage dans l'hyver est pour elle un objet digne des regards du gouvernement. Ceux qui ont un métier, jouissent-ils d'une santé robuste ? le froid les oblige de suspendre leurs travaux ; leur existence, celle de leur famille, communément nombreuse, souffre, perd cette précieuse santé, & périt. Ont-ils le malheur d'être accablés par les maladies ? le froid, nouveau fléau, attaque avec plus de danger pour eux des corps défendus à peine par des haillons,

& des lambeaux. Epuisés déja par de chétives nourritures, ils se trouvent alors surcharger les paroisses. Peres, meres de familles, veuves, enfants orphelins ou maladifs, indigents de toute espece, de tout âge ; le surcroît de misere attaché à la rigueur de la saison, leur rend à peine sensibles les efforts des pasteurs les plus zélés & les plus intelligens. Les personnes charitables (& pour l'honneur du siecle, il s'en trouve encore dans tous les ordres) les médecins, les ecclésiastiques, n'ont pas besoin qu'on insiste sur cette esquisse; c'est à ces personnes si souvent à portée de voir de plus près le détail du tableau que la vérité vient de dicter; c'est à elles qu'on annonce d'abord un charbon de terre apprêté pour l'usage des pauvres, & exempt de toute mauvaise qualité; elles apprendront avec plaisir la nouvelle d'un établissement, à la faveur duquel les citoyens les moins aisés pourront se procurer au jour le jour, & au prix le plus modique, une matiere suffisante à la fois pour leur chauffage, pour leurs ouvrages, & leurs besoins de ménage.

Un moyen d'alléger en quelque point que ce soit la dépense du citoyen maltraité par la fortune; disons-le, un plan qui lui rend sa misere moins onéreuse (n'eût-il que cet avantage) étoit fait pour être saisi, comme il l'a été par le gouvernement, & par les corps de magistrats. Ils ſont tous animés de cet eſprit d'humanité qui caractériſe ſinguliérement le prince qu'ils repréſentent. Les conſéquences politiques qui dérivent de ce projet, ne pouvoient pas non plus échapper à la prévoyance du miniſtere, dont l'attention s'étend ſur tous les objets qui intéreſſent l'état. Introduire l'uſage du charbon de terre dans nos foyers, c'eſt pourvoir à la néceſſité de ménager nos bois, & d'arrêter leur dépériſſement; c'eſt leur ménager un rétabliſſement devenu douteux ou impoſſible ſans ce ſecours : cet uſage devient une reſſource contre le prix exorbitant du bois de chauffage. N'y eût-il uniquement que les pauvres, & ce qu'on appelle le petit peuple, qui profitassent de la ressource qu'on leur présente, cette nouvelle consommation donne aux possesseurs des mines de charbon, une émulation qui ne manquera pas de faire renaître & fleurir une nouvelle branche de commerce.

Lorsque je conçus l'idée de m'assurer de l'économie qu'il étoit possible de trouver dans l'usage du feu de *houille*, plus connue parmi nous sous le nom de charbon de terre, je n'eus en vue d'abord, que ces pauvres, sur-tout ceux de la capitale; c'est pour eux que j'ai tenté particulierement sur les charbons fossiles, dont le transport à Paris est aisé, des essais propres à en reconnoître la qualité & la nature.

Monseigneur le duc de la Vrilliere, informé vers l'année derniere de ces recherches, & du succès des premieres expériences auxquelles je me livrois, a jugé *qu'il seroit important pour le peuple de Paris, & même de la plupart des provinces, de pouvoir substituer le charbon de terre à celui de bois, dont le prix est presque par-tout inaccessible pour lui; qu'il est de plus intéressant pour la ville de Paris en particulier, de diminuer cette consommation de premiere nécessité, qui s'augmente tous les jours & devient effrayante* (*a*).

(*a*) Lettre de M. le duc de la Vrilliere, écrite de Fontaine-bleau au secrétaire royale de l'académie des Sciences, le 14 octobre 1769.

Ce ministre, aussi bon citoyen qu'homme d'état éclairé, desira que je remisse à l'académie les différens mémoires contenants le détail & le résultat de mes recherches, afin de connoître sûrement de quel degré d'attention elles pouvoient être dignes ; elles seront exposées dans la seconde partie de l'art d'exploiter les mines de charbon de terre, ainsi que tout ce qui tient à l'usage & à l'emploi de ce chauffage économique. Je ne m'occuperai ici, que de la principale & premiere difficulté, qui sans doute s'élevera à cette occasion.

La répugnance du Parisien pour la *houille* appliquée aux feux domestiques, a toujours été présente à mon esprit pendant mes opérations : aussi ne proposai-je pas aux habitans de cette ville de se modeler sur ceux de Londres. Ces derniers, ainsi que les habitans de Saint-Etienne, emploient sans crainte le charbon de terre pur, ou, pour s'exprimer plus correctement, tel qu'il sort de la mine. Dans cette maniere simple de s'en servir, le tas ou l'amas de houille que l'on allume, donne au premier moment, & tout le tems qu'elle brûle jusqu'à ce qu'elle soit réduite en braise, une masse de fumée, une somme de vapeurs proportionnée essentiellement à la quantité de matiere qui est en feu ; & connoît-on quelque chauffage qui ne donne pas de fumée avant de s'enflammer ? La qualité, le volume de ces différentes exhalaisons, donneroient peut-être un fondement apparent aux préventions qui sont en France sur ce combustible : mais la méthode que je propose, pour employer la même matiere aux mêmes usages, donne dans ses phénomenes, une différence remarquable par la façon donnée au charbon : façon dont il résulte une économie sur la matiere même. Je n'hésite point d'assurer que toutes les parties exhalantes, objet des préjugés de quelques personnes, & de l'inquiétude de quelques autres, sont (comme il est aisé de s'en convaincre), réprimés (*a*) autant qu'on peut le desirer, pour que la houille ne soit plus nuisible, & reprenne dès-lors dans l'idée du François, la place qu'elle mérite parmi les combustibles utiles. Le témoignage des commissaires nommés par l'académie royale des sciences, est positif sur ce point (*b*). Aussi, le ministre qui vouloit régler sur l'avis de cette compagnie l'inclination généreuse qu'on sçait lui être naturelle pour tout ce qui tient au bien général & particulier, n'a pas balancé à prendre en fa-

---

(*a*) Cette différence est expliquée, sect. 8, art. 2 de la seconde partie.

(*b*) MM. Vaucanson, Lassone, le Roi. Voyez la fin de cette brochure.

veur la pratique dont il est question.

Pour la facilité de son introduction, il ne suffisoit pas à beaucoup près, que la méthode fût communiquée par les mémoires les plus circonstanciés, les plus exacts ; le public persuadé de son utilité, rassuré même pleinement sur les dangers qu'il croyoit inséparables du feu de houille, parvenu enfin à désirer ce chauffage, à pouvoir se guider dans la maniere de l'employer, n'eût pas été plus avancé lorsqu'il auroit voulu faire usage de la méthode qu'on lui auroit indiquée de la façon la plus intelligible : on se le persuadera bien tôt, à l'aide des réflexions suivantes.

Si le peuple auquel cette ressource est destinée, se détermine à en user, la liberté qu'il aura de préparer son chauffage, dont on lui fourniroit encore tous les matériaux convenables, est réduite à un anéantissement bien certain : le peuple est, comme on sçait, logé fort à l'étroit : il est d'ailleurs, dans le courant de la journée, occupé à gagner par son travail, soit hors de chez lui, soit dans son particulier, la subsistance dont il a besoin pour lui & pour sa famille.

Dans le cas où le citoyen d'une condition aisée voudroit recourir à ce chauffage, même impossibilité pour lui d'en profiter : il en est peu qui voulussent employer chez eux un domestique, ou un homme de journée, à une préparation qui entraîne de l'embarras, & qui demande une place commode plus ou moins étendue, & uniquement sacrifiée pour ses différentes opérations.

Tout le monde auroit-il la liberté de fabriquer, de débiter ce chauffage ? Il est aisé de prévoir ce qui s'ensuivroit ; la concurrence, cette source d'émulation & d'abondance, sentie plus que jamais par nos ministres, offriroit pour les commencemens de ce négoce, des inconvéniens diamétralement opposés au progrès de la pratique que l'on voudroit introduire, bien loin d'en étendre l'usage. La négligence du choix de la matiere, article important dans ce moment, où l'on n'eſt pas encore accoutumé à cette maniere, l'inattention ſur ce qui eſt à obſerver dans la façon qu'on donne au charbon pour corriger les défauts qu'on lui reproche (*a*), ne manqueroient pas d'occaſionner le diſcrédit abſolu de cette méthode. De là, la néceſſité d'obvier à ceux qui euſſent empêché le même peuple de connoître ce chauffage, & de jouir de ſes avantages : c'eſt ce qui a porté le miniſtre à favoriſer l'établiſ-

---

(*a*) On verra dans la ſeconde partie de *l'art d'exploiter les mines de charbon de terre*, que ce qui conſtitue cette façon, doit être réglé ſur l'eſpece ou la qualité du charbon, pour lequel on ſe décide ; d'où il réſulte que ce procédé décrit ſeulement d'une maniere générale, ou tel qu'il ſe pratique dans un pays, ne ſeroit qu'imparfait & fautif.

ſement (annoncé depuis peu au Public) dans une forme ſans laquelle le but qu'on s'y propoſe de mettre le peuple à portée de ſe pourvoir chaque jour de la quantité qui lui ſuffit de ce chauffage apprêté convenablement, n'eût pas été rempli.

Ce deſir généreux du bien général, (je dois le dire hautement) a été trop marqué dans les perſonnes en place, pour ne pas m'engager à redoubler d'attention ſur tout ce qui pouvoit fixer davantage la réuſſite de mon projet, quoique déja aſſurée par des eſſais réitérés. Certain de rendre un ſervice capital, je n'ai pas craint de me détourner de mes occupations, pour me tranſporter ſur les lieux que j'avois

jugé

jugé donner les charbons de terre neceſſaires pour Paris ; j'ai fait exprés un voyage dans les provinces de France auxquelles cette ville eſt pour le préſent obligée de borner ſon approviſionnement. J'ai deſcendu dans les mines, afin de conſtater leur état; j'y ai réitéré mes expériences ſur les différens charbons qu'elles produiſoient ; les mêmes ſoins, comme on en peut juger par la ſeconde partie, ont été donnés de ma part, pour les matieres convenables à *l'apprêt* qu'ils doivent recevoir : en un mot, j'ai tellement rendu ce travail complet, que TANT QU'IL NE SERA RIEN INNOVÉ DANS CE QUE J'AI ARRÊTÉ POUR LE CHOIX DES CHARBONS, TANT

QU'ON NE S'ÉCARTERA PAS DES ATTENTIONS NÉCESSAIRES POUR LES FAÇONNER, je puis répondre que l'uſage de ce nouveau chauffage ſe maintiendra ſuffiſamment parmi nous, pour gagner avec le tems.

Quoique l'attache du gouvernement, le concours des corps municipaux, le ſuffrage des compagnies ſçavantes, ſoient bien ſuffiſans pour lever abſolument tout équivoque ſur l'utilité & ſur l'importance du chauffage avec *la houille*; j'ai penſé néanmoins, que beaucoup de perſonnes pourroient deſirer d'être éclairées ſur les principales difficultés qui les peuvent tenir en ſuſpens pour adopter cet uſage. En même tems, quoique mes idées ſe ſoient portées unique-ment ſur les pauvres, j'ai cru qu'on ſeroit bien-aiſe d'avoir un tableau des différens points de vue, dans leſquels ce chauffage agréable, commode & économique, peut en général convenir à toutes ſortes de perſonnes.

Les deux mémoires ſuivants ont paru propres à remplir ce double objet; ils formoient dans la continuation manuſcrite de mon ouvrage ſur le charbon de terre, l'article employé à la diſcuſſion des avantages de ſon chauffage, corrigé par la *fabrication*, à l'examen des objections de toute eſpece, qu'on a coutume de lui oppoſer. La circonſtance indique la néceſſité de publier d'avance ces mémoires tels qu'ils devoient paroître dans la 2e partie de l'art d'exploiter le charbon de terre, où l'on expose dans la plus grande étendue les procédés & les manœuvres relatifs à cette préparation; j'ai non-seulement essayé de les rendre aux yeux à la faveur de la gravure, mais j'ai encore imaginé de rendre le tout intéressant par un plan d'attelier distribué comme il convient de faire, accompagné d'une planche d'outils & d'ustensiles.

Pour la satisfaction des personnes qui ont la collection des arts, & qui voudroient remettre ces mémoires à la suite de la 2e partie, on a eu l'attention d'en faire imprimer en format in-folio, qui pourra être ajouté à la suite de la 2e partie. Ce cahier, ainſi que la brochure, ſe trouvent chez de Lallain, Libraire, rue & près la Comédie Françoiſe.

Ce qui doit ſur-tout donner du poids à ces mémoires, ce ſont les pieces juſtificatives dont je les ai fait ſuivre, tels que l'extrait des regiſtres de l'académie des ſciences, le décret de la faculté de médecine : j'y ai joint une lettre intéreſſante de M. Dellewaide (*a*), ſur l'opinion que la grande quantité de *houille* qui ſe brûle à Liege dans les cheminées, rend ſes habitans très-ſujets aux maladies de poitrine; opinion à laquelle tiennent, ou-

(*a*) Licentié en médecine de la faculté de Louvain, ancien profeſſeur du collége des médecins de Liége.

tre le vulgaire, plusieurs personnes faites pour être détrompées.

Entre les témoignages de plusieurs médecins de cette ville, très-éclairés & très-répandus dans la pratique, qui m'avoient assuré la fausseté de cette imputation, je m'étois borné dans l'ouvrage dont je parle, à citer celui d'un homme instruit dans la bonne & véritable théorie, & doué de ce génie propre à l'observation, génie qui caractérise le vrai praticien. Mais de l'instant où le gouvernement a eu pris connoissance de mes travaux & de mes opérations, j'ai songé que ma façon de voir & de penser touchant l'influence de ce chauffage sur la santé, ne pourroit être trop étayée. Persuadé que les compagnies célebres, ſur l'avis deſquelles cette méthode a été favoriſée, ne verront qu'avec plaiſir d'autres ſociétés ſavantes avoir les mêmes ſentimens, & porter un jugement auſſi éclairé ſur le même objet, je me ſuis occupé à recueillir de toute part de nouveaux témoignages, ſurtout parmi l'étranger. Les correſpondances honorables que j'ai conſervées dans Liege, ont dû naturellement me faire ſonger à m'adreſſer au college des médecins de cette capitale. Tous les docteurs ou licentiés qui y ſont aggrégés, ont été aſſemblés extraordinairement par ordre exprès de M. le baron de Haxhe de Bierſet, préſident du college, & Treſoncier : le préfet M.

Maureal, premier médecin de S. A. S. y a fait lecture de la lettre par laquelle je demandois que cette compagnie voulût bien examiner réguliérement une assertion défavorable du célebre M. Hoffmann, sur ce qui regarde l'effet qu'imprime à l'air de la ville de Liege la houille qu'on y brûle dans toutes les maisons. On verra que la décision des médecins qui exercent dans cette capitale, est formellement contraire à l'allégation du savant professeur de Halle : les réflexions qu'ils lui ont opposées, se sont trouvées les mêmes que celles que j'avois fait entrer dans un des mémoires que je publie, auquel j'assure que je n'ai fait sur cet article ni addition ni changement, d'après la déclaration du college de Liege. Peu de personnes ignorent que la coutume d'appliquer le feu de houille aux usages domestiques, a passé dans le Hainaut François ; c'est depuis que les travaux de M. le vicomte des Androuins ont mis cette frontiere du royaume en possession d'un trésor qui n'y étoit pas connu. Cette heureuse époque n'est ni trop récente ni trop éloignée, pour qu'on puisse ne pas regarder comme assez constaté ce qui s'en est suivi d'avantageux & de désavantageux. Les médecins de Valenciennes devoient par cette raison être consultés ; ils sont à portée de voir les effets qu'a pu produire sur la santé des habitans l'exhalaison continuelle des feux de charbon de terre, en comparant la conſtitution actuelle de leurs concitoyens, avec celle dont ils jouiſſoient avant l'introduction chez eux du chauffage de houille (*a*). Leurs obſervations inſérées à la ſuite du ſecond mémoire, donnent un nouveau degré d'évidence & de certitude à ce que j'ai avancé tant en général qu'en particulier, pour combattre un préjugé qui s'oppoſe à l'utilité publique. Le plan de ſubſtituer le feu de charbon de terre à celui du bois, n'eſt donc pas le fruit de ſpéculations attrayantes, & ſujettes à être détruites lors de l'exécution.

(*a*) Le plus ancien des médecins de cette ville, y exerce depuis le commencement de cet uſage.

Tout concourt à prouver que ce feu n'a rien de malfaisant : si on daigne le comparer à quelques-uns des moyens employés à Paris ou ailleurs par les pauvres, pour suppléer aux bois qu'ils ne peuvent acheter, on avouera que ce chauffage ne fait naître, sous ce nouveau point de vue, aucunes difficultés sérieuses, aucunes objections réelles.

Le peuple de Paris, par exemple, reconnoîtra sûrement une différence bien marquée entre le feu actif & réel de la *houille*, & la chaleur si peu digne de ce nom, qu'ils ressentent en consumant le charbon de bois, le poussier, la braise, la sciure de bois, des mottes à brûler. Tous ces combustibles sont-ils capables de les chauffer, & de cuire leurs nourritures?

Ayant démontré l'existence de la matiere que je propose dans une grande partie de la France, & par conséquent combien il est facile d'en faire usage, peut-on douter que les défauts, les incommodités, que l'on reproche hautement au charbon de terre, ne soient complettement effacés aux yeux & au nez des malheureux relégués dans les villages d'Aunis, du Poitou & d'une partie de la basse Normandie? ils n'ont d'autres moyens de se chauffer, que celui de brûler en hyver dans leurs cheminées les excrémens d'animaux, qu'ils ont receuillis soigneusement, & séchés pendant l'été. Est-il possible de croire que les habitans de ces campagnes, quelqu'empire qu'ait l'ufage fur leur efprit, continueroient de préférer un moyen auffi incomplet & auffi défagréable, à une matiere que leur fourniffent, fans prefqu'aucun foin, des mines dont ils font voifins ?

En un mot, pour peu que l'on faffe attention au grand nombre de pays, où ce feu commode & peu difpendieux eft ufité, à l'état de difette où on eft réduit pour le chauffage dans une grande partie du royaume, cette reffource ne paroîtra pas fi fort à rejetter, pour les antichambres, pour les poëlles, pour les cuifines : mais j'abondonne au tems la réforme d'une dépenfe qu'on à déja peine à calculer & à régler : les parties pour lesquelles on sentira d'abord les conséquences utiles de cet usage, sont les manufactures, les fourneaux de lessive, quantité d'especes de fours, qu'on peut regarder comme autant de gouffres, où s'absorbe annuellement une bonne partie de nos forêts ; les cuisines de rôtisseurs, de traiteurs, les boutiques & magasins de marchands, les grands atteliers, les bureaux, les communautés, les hôpitaux. Ces endroits particuliers, quoique tous destinés dans leur genre à l'utilité commune, ne sont cependant pas encore ce qui a le plus fixé mes idées. Mes premieres intentions seront remplies, si je vois préservée des rigueurs de l'hyver, cette foule de citoyens nécessiteux, répandus dans tous les quartiers de Paris. En adoptant ce chauffage, ils sont assurés de ne point voir suspendre leurs travaux ou languir leur famille. Le bien qu'auroient pu faire plusieurs médecins ensemble, celui de conserver l'espece humaine, bien aussi desirable pour le moins que le soin de lui rétablir la santé, j'aurai la satisfaction de l'avoir opéré : les citoyens sensés & compatissans pour les malheureux, ne blâmeront pas un travail, moins éloigné qu'on ne le pense de l'état qui me voue à la société, & en particulier au soulagement des pauvres.

www.ingramcontent.com/pod-product-compliance
Ingram Content Group UK Ltd.
Pitfield, Milton Keynes, MK11 3LW, UK
UKHW021027200726
13857UKWH00004B/1641